I0390624

François Simiand

Statistique et expérience

essai

 Le code de la propriété intellectuelle du 1er juillet 1992 interdit en effet expressément la photocopie à usage collectif sans autorisation des ayants droit. Or, cette pratique s'est généralisée dans les établissements d'enseignement supérieur, provoquant une baisse brutale des achats de livres et de revues, au point que la possibilité même pour les auteurs de créer des œuvres nouvelles et de les faire éditer correctement est aujourd'hui menacée. En application de la loi du 11 mars 1957, il est interdit de reproduire intégralement ou partiellement le présent ouvrage, sur quelque support que ce soit, sans autorisation de l'Éditeur ou du Centre Français d'Exploitation du Droit de Copie , 20, rue Grands Augustins, 75006 Paris.

ISBN : 978-1539645566

10 9 8 7 6 5 4 3 2 1

François Simiand

Statistique et expérience

essai

Table de Matières

AVANT-PROPOS

La curiosité de beaucoup de personnes paraît aujourd'hui, et de plus en plus, s'attacher à nombre de problèmes qui, pour être traités de façon positive, supposent l'utilisation de statistiques. Mais la connaissance ou même seulement le soupçon des conditions à remplir pour un usage légitime de données ou de relations statistiques, sont beaucoup moins répandus que cette curiosité ou que cet usage même.

Les pages qui suivent seront peut-être, pour ces personnes, une occasion de réfléchir aux caractères et aux difficultés propres d'une preuve de cet ordre, et une incitation à exiger d'autrui comme de soi-même la notion et la pratique de précautions qui y correspondent.

Le présent essai ne prétend pas à plus. Et même, pour en expliquer le cadre, les limites et les insuffisances, je dois ici donner quelques indications personnelles, dont je m'excuse. Appelé à la présidence de la Société de Statistique de Paris pour l'année 1921, j'ai cru pouvoir prendre comme thème de l'allocution d'usage, prononcée à mon entrée en fonctions : la Statistique comme moyen d'expérimentation et de preuve[1].

Un éditeur actif, soucieux de donner dans le domaine de la statistique un effort analogue à celui qu'il a déjà heureusement fourni dans celui des sciences économiques et d'autres encore, a estimé que le contenu de cette allocution pourrait être présenté à un cercle plus large : c'est donc à M. Rivière que revient l'initiative de la présente publication.

J'aurais désiré, pour ma part, avant d'y donner cette extension imprévue, reprendre tout le travail, le compléter, le développer autant que, pour un exposé didactique écrit, la matière l'aurait comporté. Mais une telle refonte était toute une nouvelle tâche que, pour plusieurs raisons, je ne pouvais entreprendre avant assez longtemps.

Dans ces conditions, il a paru que le plus opportun, sous réserve de bien prévenir le lecteur de l'origine et du caractère ainsi constitués à cet essai, était de prendre pour base le texte même présenté à la Société de Statistique, en y apportant seulement un nombre assez limité de modifications : adaptations de forme, divisions et subdivisions, rétablissement de passages ou d'exemples écartés de l'exposé oral pour raison de temps, additions de notes et références

François Simiand

bibliographiques.

Telles quelles, si ces remarques peuvent contribuer à préciser la notion même de statistique et à la lier, dans un juste rapport, avec celle d'expérience, puis à donner conscience des conditions à envisager pour un emploi probant de statistiques et suggérer en même temps les moyens d'y satisfaire, cette publication aura atteint tout le but auquel elle pouvait viser ; et je ne puis, pour répondre davantage aux besoins qui auraient été ainsi suscités, que renvoyer aux traités et ouvrages spéciaux de statistique théorique et appliquée[2] ou à des travaux ultérieurs que nous pouvons prévoir ou espérer.

Position de la Question

Je me propose, dans le présent essai, de présenter quelques réflexions sur la *Statistique comme moyen d'expérimentation et de preuve*, réflexions sans doute surtout inspirées par le caractère et le cours de mes études propres, mais faites cependant avec le souci de regarder un peu aussi en d'autres domaines et de soumettre à l'examen quelques suggestions d'application peut-être plus générale.

Nous lisons d'une part — et dans des auteurs qualifiés — que l'emploi de la statistique, dans les divers domaines scientifiques où nous le trouvons pratiqué, se place précisément là où l'emploi de l'expérimentation fait défaut. Nous entendons dire d'autre part, — et cela, tant par des voix assez autorisées que par la voix publique, — qu'avec la statistique on prouve tout ce que l'on veut, ou encore (ce qui n'est qu'une autre forme de la même opinion) qu'avec la statistique on ne prouve rien.

Voilà les deux propositions, — la statistique intervient à défaut de l'expérimentation, et la statistique prouve tout et ne prouve rien, — que je voudrais brièvement examiner ici. Peut-être apercevrons-nous que ni l'une ni l'autre n'apparaissent pleinement fondées si, d'une part, nous regardons à une notion plus véritable de l'expérience que ne l'est celle impliquée dans la première de ces formules, et si, d'autre part, nous arrivons à des conditions de preuve équivalentes à celles qu'implique la recherche expérimentale commune, mais spéciales et adaptées à la nature et au cadre d'emploi de la recherche statistique.

PREMIÈRE PARTIE
Notion de statistique et notion d'expérimentation

I
Évolution du mot et de la discipline statistique
Quelques définitions récentes

Ainsi qu'on l'a remarqué, l'histoire seule de l'emploi du mot statistique exprime et illustre l'évolution de l'objet et du caractère de la discipline recouverte par lui. Nous le voyons appliqué d'abord (au XVIIIe siècle et encore au commencement du XIXe siècle) à une présentation de l'ensemble des données notables de tous ordres qui caractérisent un pays, un État politique : population, organisation et divisions politiques, productions et richesse, mœurs, coutumes, institutions, sans que ces données aient, même en majeure part, une forme numérique. Nous le voyons se spécialiser (au cours de la première moitié du XIXe siècle) à la collection et présentation de celles de ces données qui ont forme numérique. Puis, peu à peu, nous le voyons appliquer à des données ayant le même caractère, c'est-à-dire celui d'être des constatations numériques portant sur des ensembles, sur des faits de masse, sur des faits collectifs ; et nous entendons parler de statistique météorologique, anthropologique, médicale, biologique, psychologique, etc.

En même temps, le mot est employé pour caractériser non seulement le genre de données, mais encore le mode d'établissement et de traitement de ces données, tel que la statistique des États l'a d'abord pratiqué, et peu à peu perfectionné et que ces autres branches de connaissances le lui ont emprunté, en l'adaptant à leurs propres besoins. Et ainsi, et de plus en plus, peut-on dire, le mot de statistique et la ou les disciplines qui se dénomment par lui se caractérisent non plus par une matière unique ou commune, mais par une certaine forme, un certain mode de présentation ou d'étude de matières respectivement très diverses ; et la statistique ainsi apparaît moins comme une science entre les sciences ayant sa

François Simiand

matière propre, que comme une technique, une méthode d'étude, utilisable dans les diverses sciences et sur divers objets, quand certaines conditions d'étude se présentent.

Quelles sont ces conditions ? Pour ne citer que deux traités contemporains de statistique méthodologique, le professeur Benini entend par statistique « une forme d'observation et d'induction appropriée à l'étude quantitative des phénomènes qui se présentent comme pluralités ou masses de cas, susceptibles de varier sans règle assignable en toute rigueur [3] » ; M. Udny Yule appelle statistiques « des données quantitatives affectées, dans une notable extension, par une multiplicité de causes [4] », et il justifie cette formule en opposant expérimentation et statistique dans les divers domaines, social, météorologique, biologique, physique, où se trouve employée, dans certains cas, la technique statistique. Le mode d'étude le plus communément employé dans les sciences de la nature, l'expérimentation, a pour caractère, dit-il, de remplacer les systèmes complexes de causation qui se présentent communément dans la nature, par des systèmes simples où ne peut plus varier à la fois qu'une seule circonstance causale. Au contraire, dans des cas où l'homme ne peut pas expérimenter, mais doit s'accommoder des circonstances telles qu'elles se présentent, en dehors de son action, il se trouve en général avoir affaire, la simplification par l'expérience étant impossible, à des cas complexes de causation multiple : or, c'est dans ces cas que nous trouvons, dans les diverses branches de connaissances, le recours à la méthode statistique et c'est donc le caractère commun qui peut définir la recherche statistique.

II
Statistique s'oppose-t-elle vraiment
à expérimentation ?

Mais cette opposition est-elle bien pleinement satisfaisante ? Il est bien exact que, dans l'étude expérimentale de ce qui est donné par la nature, la démarche essentielle de l'esprit humain est de simplifier, de s'efforcer à séparer dans la complexité des causes et des effets (qui est le cas commun où se présente la réalité), un élément seul, une relation d'un seul élément avec un seul autre. Mais, par ailleurs, ne nous est-il pas dit, et avec raison, que la statistique s'emploie à permettre à l'esprit humain de se faire d'ensembles complexes une représentation relativement simple, d'apprécier la valeur de ces représentations simplifiées, d'étudier et de reconnaître si elles soutiennent entre elles des relations et avec quel fondement, et jusqu'à quel degré ces relations sont établies [5] ? N'y a-t-il pas analogie plutôt qu'opposition entre ces démarches de notre esprit ?

Essayons de préciser sur un ou deux exemples. Voici une série de données mensuelles, pendant un certain nombre d'années, sur le taux de chômage d'un certain ensemble ouvrier. La variation, telle quelle, de ces données apparaît, au premier examen, comme assez complexe et mêlant probablement une variation à période annuelle, selon les mois ou saisons, et une variation à période plus longue, tendance à une hausse ou tendance à une baisse à travers plusieurs années. Par des procédés statistiques appropriés, nous éliminons, d'une part, la variation interannuelle, de façon à dégager et isoler la variation intérieure à l'année ou variation saisonnière propre ; puis nous éliminons, d'autre part, cette variation saisonnière pour dégager et-isoler la variation à période plus longue. Et cela fait, nous étudions la relation que chacune de ces variations peut respectivement soutenir avec tel ou tel facteur. En quoi est-ce que cet ensemble d'opérations se distingue, dans son principe, de l'ensemble d'opérations par lesquelles l'étude d'un mouvement matériel complexe dans telle ou telle des sciences de la nature dégage et isole successivement chacun des mouvements composants et étudie séparément ce qui se produit avec chacun d'eux ?

Autre exemple, où les deux processus se rapprochent encore davantage. Voici un ensemble d'opérations : semis de certaines plantes, fécondation des fleurs dans de certaines conditions, choix et semis de graines nouvelles, nouveau semis, nouvelle récolte, observations sur certains caractères de ces diverses générations de plantes, qui, par une élaboration appropriée, aboutissent à une des thèses dites mendéliennes. Voici, d'autre part, un ensemble d'opérations sur diverses générations d'hommes ou d'animaux : observations sur les tailles ou autres caractères somatiques de ces

François Simiand

diverses générations, traitement statistique de ces constatations pour en dégager des résultats simplifiés de certaine façon, qui, par une élaboration appropriée, aboutit à une des thèses dites galtoniennes. Quelle différence essentielle y a-t-il entre les deux ensembles d'opérations initiales qui permettent à l'esprit humain d'aboutir à de certaines relations ?

Dans cet exemple, comme dans le précédent, ne trouvons-nous pas, des deux côtés, une application de la formule par laquelle M. Yule définissait l'expérimentation, c'est-à-dire un remplacement d'un système complexe pur un système simple de façon à permettre à l'esprit humain de reconnaître une relation entre les éléments séparés ?

Sans doute il y a, entre ces deux ordres de cas, cette première différence (il y en a d'autres, nous le verrons) que la simplification des données, l'isolement d'un élément, et la recherche d'une relation avec un autre facteur séparé sont réalisés par le savant, dans l'un des cas, au moyen d'opérations matérielles, physiques ; dans l'autre, au moyen d'opérations non physiques, intellectuelles. Mais est-ce donc le moyen, — matériel ou intellectuel, — de l'opération de l'homme dans l'expérience qui est l'essentiel de l'expérience, et non pas l'objet même de cette opération ? La méthodologie courante a déjà remarqué qu'il se présente certains cas, — l'histoire de diverses sciences en témoigne, — où, sans action de l'homme, par le seul concours de circonstances appropriées, se trouve réalisée une simplification suffisante pour permettre au savant d'apercevoir une relation ; c'est-à-dire qu'à côté de l'expérience par l'action de l'homme (qui est assurément le cas de beaucoup, le plus fréquent et, disons aussi, le plus fécond), il y a cependant des exemples d'expérience naturelle ou spontanée. Mais, si l'intervention du savant n'est même pas absolument nécessaire pour qu'il y ait expérience, à plus forte raison il ne peut y être indispensable que cette action de l'homme, lorsqu'elle s'y trouve, soit telle et non pas telle. Et nous atteignons bien plus sûrement l'essentiel, si nous reconnaissons qu'*il y a expérience partout où et seulement là où il y a disposition des faits telle que l'esprit de l'homme puisse tirer une relation entre ces faits.*

Mais, s'il en est ainsi, est-ce que la nature des opérations statistiques propres ne s'éclaire pas de quelque nouveau jour ? M.

PREMIÈRE PARTIE

Bowley nous dit quelque part que la statistique pourrait à peu près s'appeler la science des moyennes[6]. Mais qu'est-ce donc qu'une moyenne, sinon une opération de l'esprit humain sur un ensemble complexe de données telle que non seulement il puisse en prendre une notion relativement simple, mais encore qu'il puisse établir une relation entre cet ensemble ainsi simplifié et tel ou tel autre facteur ? Et davantage encore, si nous passons aux opérations plus spéciales et plus caractéristiques de la technique statistique, n'apercevons-nous pas qu'elles ont ce caractère commun de s'employer à simplifier des ensembles complexes de données, de façon à permettre de dégager entre les représentations simplifiées obtenues une relation proprement expérimentale ?

III
Quel est le caractère le plus propre
à la recherche statistique

Arrivés à ce point de vue, nous pouvons revenir utilement, semble-t-il, sur ces conditions par lesquelles les méthodologistes que nous avons cités définissaient le domaine de la recherche statistique.

Lorsqu'on étudie les caractères d'une espèce, d'une race, que fait-on ? On cherche à dégager des traits qui manifestement caractérisent l'ensemble des individus de cette espèce ou de cette race, sans jamais cependant que ces traits soient ni seulement ni pleinement présentés dans aucun de ces individus. Et on appellera proprement étude statistique de cette espèce ou de cette race une étude, par des indices quantitatifs, de ceux de ces caractères qui, de quelque manière, de façon directe ou indirecte, en tout ou en partie, se prêtent à quelque observation quantitative. L'étude statistique s'attachera à exprimer, de la manière la plus exacte et la plus complète possible, à la fois la dominante et la différenciation de ce caractère. Elle permettra avec précision de reconnaître si ce caractère varie ou non, de le comparer d'une espèce ou d'une race à une autre, de rechercher des traits concomitants ou des relations avec tels ou tels autres faits.

Mais où voyons-nous en tout cela que ces faits aient pour

François Simiand

caractère différentiel de pouvoir varier sans règle assignable en toute rigueur ? Qui nous dit qu'une telle règle n'existe pas, même si nous ne l'apercevons pas ? Et par contre ne nous indique-t-on pas aujourd'hui, sur des relations, sur des lois établies par l'expérimentation des sciences de la nature, qu'elles ne sont que des lois approchées ? — Où voyons-nous davantage que ces traits d'espèce ou de race, comme tels, soient forcément des traits affectés par une multiplicité de causes ? Qu'en savons-nous encore ? — Mais ce qui les caractérise, n'est-ce pas plus proprement d'être des faits qui, quoique ne se trouvant pleinement réalisés dans aucun des individus, sont bien cependant une réalité existant et reconnaissable dans l'ensemble de ces individus comme ensemble ?

Tout comptage, même d'un grand nombre d'unités ou de cas ou même d'une pluralité variable, n'est pas une statistique. C'est le professeur Benini qui le remarque : le kilométrage d'une station de chemin de fer à toutes les autres stations du réseau n'est pas un fait statistique ; le nombre de fois où un certain jour de la semaine se rencontre au cours d'un mois n'est pas un fait statistique[7]. Mais est-ce bien pour la raison qu'il nous en dit, c'est-à-dire parce que ce ne sont pas des faits sans règle assignable en toute rigueur ?

N'est-ce pas plutôt parce que ces comptages, parce que ces données numériques ne s'appliquent pas à quelque ensemble, à quelque groupe ayant une certaine consistance, une certaine réalité en tant qu'ensemble, en tant que groupe, ou tout au moins à quelque ensemble, à quelque groupe soupçonné d'avoir une certaine consistance comme tel, et dont le traitement statistique nous indiquera justement s'il en est ainsi ou non ? Le comptage des personnes qui passent par jour sur un certain pont d'une ville, par exemple, ne prend-il pas seulement une valeur statistique dans la mesure où il apparaît n'être pas aussi instable et aussi peu défini qu'on aurait pu le croire d'abord ? Mais n'est-ce point précisément parce qu'au lieu de résulter du seul caprice des individus ou du seul hasard des circonstances, il décèle ce que l'on appelle un courant de circulation, — courant qui, bien que se manifestant seulement par certains actes individuels dont aucun ne le constitue en propre, est bien cependant (tous les commerçants le savent) une réalité propre, distincte des actions ou réactions conscientes de ces individus, et susceptible d'avoir une variation propre, et peut-être une cause spécifique ?

En ces années-ci, que d'efforts statistiques nous voyons s'attacher à déterminer et à suivre ce qu'on appelle le mouvement général des prix ! Ce qui caractérise une telle notion, est-ce d'être le résultat d'une multiplicité de causes ? Certaine théorie économique, qui jouit d'une faveur étendue, y assigne au contraire une cause unique. Ce qui la caractérise, n'est-cê pas bien plutôt d'exprimer, au travers des prix individuels des diverses marchandises et des divers échanges qui sont la seule réalité concrète observable, quelque chose qui, bien que ne se réalisant seulement ni pleinement en aucun d'eux, cependant (et nous le sentons bien tous en ces années) est bien une réalité ?

M. Bowley a rapproché des procédés statistiques appliqués à la détermination de ce mouvement général des prix les procédés appliqués par l'astronomie à déterminer, au moyen d'observations sur un certain nombre d'astres, le mouvement propre du système solaire [8]. Ne faut-il pas prendre garde que, si la technique mathématique, si je puis dire, peut être sensiblement la même dans ces deux recherches, le sens et le caractère en sont cependant bien différents ? Dans celle-ci, on dégage de données multiples un fait que l'homme ne peut observer directement, mais qui est un fait réalisé matériellement comme tel et qu'un observateur autrement placé pourrait constater par des moyens physiques. Par l'autre, au contraire, on dégage de données multiples un fait qui d'aucune manière n'existe matériellement réalisé, qui n'est directement observable, comme tel, d'aucun point de vue, et qui cependant est bien une réalité.

La moyenne des observations de la densité d'un certain corps peut bien être obtenue par une opération mathématique identique à celle qui dégage, par exemple, d'un certain nombre d'observations sur des individus l'indice céphalique d'une race ; mais le caractère de ces deux, données n'est-il pas tout différent ? Alors (1) que pour la première nous concevons qu'un instrument ou un observateur placé dans de meilleures conditions puisse l'établir par une constatation directe et unique, pour la seconde il n'est pas d'instrument ou de condition d'observation qui nous permette jamais l'observation matérielle, directe, unique d'un indice céphalique qui, par définition, peut-on dire, ne se trouve

François Simiand

réalisé comme tel dans aucun des individus et cependant est bien une caractéristique réelle de l'ensemble de ces individus.

N'est-ce pas à cette seconde sorte de données que, consciemment ou non, l'usage commun du mot applique plus habituellement le nom de statistique ?

IV
La statistique considérée comme une certaine sorte de recherche expérimentale

Mais ne serions-nous pas fondés à le lui plus proprement réserver ? N'appellerons-nous pas plus proprement statistique l'étude de ces ordres de faits qui, sans la méthode statistique, ne pourraient pas être atteints, du moins quantitativement ? et par là ne voyons-nous pas que la recherche statistique n'est pas un type de recherche s'opposant à l'expérimentation, mais qu'elle apparaît plutôt comme une certaine sorte de recherche expérimentale, comme l'expérimentation s'appliquant à de certains ordres de faits, *aux faits*, pourrait-on dire, *qu'on détermine quantitativement au moyen d'un nombre plus ou moins grand de constatations individuelles, mais qui sont distincts de ces éléments individuels et ne sont réalisés comme tels en aucun d'eux* ?

S'il en est ainsi, nous ne nous étonnerons pas que cette sorte d'expérimentation comporte à divers égards une méthodologie spéciale ; mais nous apercevrons aussi que, n'étant que la spécialisation à de certains faits de la démarche essentielle de notre esprit devant la complexité concrète, elle participe néanmoins des traits essentiels de l'expérimentation en général, et qu'elle doit donc s'établir à la fois en analogie et en différence avec la méthodologie ordinaire des sciences de la nature.

PREMIÈRE PARTIE

DEUXIÈME PARTIE
Conditions de preuve en expérimentation statistique et conditions de preuve en expérimentation ordinaire.

Cette méthodologie spéciale à ce que nous pouvons appeler, au sens qui vient d'être dit, « l'expérimentation statistique », ce n'est pas en un essai du caractère de celui-ci que je pourrais (même si j'y avais compétence suffisante dans tous les domaines) songer à la présenter. Mais peut-être quelques remarques et quelques exemples vont-ils nous permettre, je crois, d'apercevoir que si la statistique, par certains des usages qu'on en fait assez souvent, a volontiers la réputation de prouver tout ou de ne prouver rien, c'est justement que, dans ces usages, on méconnaît ou on viole ou bien les conditions de preuve les plus élémentaires de l'expérimentation générale, ou bien les conditions de preuve qui, dans le cadre de l'expérimentation statistique, sont indispensables à réaliser quelque équivalence avec celles de l'expérimentation physique.

V
Conditions de constatation et d'élaboration des données élémentaires

Et d'abord la valeur de l'expérimentation de laboratoire repose, on le sait, sur ce que les constatations élémentaires dont elle constitue ses résultats sont faites dans des circonstances définies, suivant des méthodes et des procédés déterminés et par des hommes compétents ; — et encore sur ce que ces constatations élémentaires, faites dans un laboratoire par un certain savant, peuvent être à nouveau provoquées, vérifiées, contrôlées en expérience directe dans d'autres laboratoires par d'autres savants ; — et enfin sur ce que toute l'élaboration ultérieure de ces constatations élémentaires est effectuée suivant des méthodes éprouvées et connues, et par des hommes compétents.

Dans les divers domaines de l'expérimentation statistique, au contraire, il n'est que peu de cas (par exemple, certaines recherches

François Simiand

de statistique biométrique, anthropologique, etc.) où toutes ces conditions soient actuellement ou même paraissent pouvoir être dans l'avenir pleinement satisfaites. Dans tous les autres cas, l'une ou l'autre ou plusieurs de ces conditions manquent aujourd'hui ou même durablement, et nous rencontrons donc assurément là une infériorité initiale.

S'ensuit-il qu'au lieu de s'efforcer, de s'ingénier à y remédier du mieux possible, on doive en prendre son parti, ou même la méconnaître, avec la désinvolture dont nous voyons tous les jours encore tant d'exemples ? S'ensuit-il qu'on doive se contenter de ce brocard de scepticisme commode que « toutes les statistiques se valent » ? S'ensuit-il qu'on ait le droit de se borner à prendre ici et là les premiers chiffres venus, mêlant des données de diverse nature ou de diverse qualité, comparant des résultats provenant de sources fort différentes en valeur ou en caractère ? S'ensuit-il qu'il soit légitime d'attribuer à une donnée partielle ou relative une portée générale ou sans condition ? S'ensuit-il que, pour attester de la valeur d'un chiffre, il suffise, ainsi qu'on s'en contente si souvent encore, de dire : « Ce chiffre est exact puisqu'il est officiel » ?

L'emploi ainsi pratiqué des données statistiques est encore trop fréquent dans le public, dans la presse et même dans des ouvrages de quelque réputation, pour que nous n'ayons encore à souvent répéter qu'il y a statistiques et statistiques, et qu'à la meilleure (comme, du reste, à la moins bonne) il ne faut demander et il ne faut faire dire que ce qu'elle dit, et de la façon et sous les conditions où elle le dit.

Mais, pour nous guider dans cette détermination nécessaire, apercevons que nous ne pouvons mieux faire, je crois, que nous reporter à ces conditions que nous venons de reconnaître à la bonne expérimentation de laboratoire. Observons que les meilleurs de nos travaux modernes dans les divers ordres de statistique (si telle ou telle raison, selon les cas, fait encore qu'ils n'atteignent pas entièrement à ces conditions) ont cependant ce caractère de tendre à s'en rapprocher de plus en plus : établissement des données élémentaires, sinon toujours par des spécialistes compétents, du moins alors dans des cadres et avec des précautions qui visent à un enregistrement aussi automatique que possible ; collection, réunion, élaboration dans des circonstances définies et surveillées,

DEUXIÈME PARTIE

suivant des techniques et des méthodes étudiées et déterminées, présentation des résultats avec indication des conditions d'établissement, avec critique et appréciation de leur valeur et, par suite, de leur emploi possible.

Même lorsque nous ne disposons pas de statistiques de cette valeur, même lorsque, pour une raison ou pour une autre, l'établissement de statistiques nouvelles répondant à ces mêmes conditions est peu praticable ou impossible, même lorsque, par exemple, nous avons à étudier des faits passés et qu'il nous faut bien, vaille que vaille, nous servir de ce qui nous est donné sur eux ou sinon renoncer à les étudier, apercevons qu'un effort pour nous rapprocher de ces conditions meilleures nous conduit, dans beaucoup de cas, à une utilisation valable de ces données même imparfaites.

Dans beaucoup, de cas, en effet, il nous est possible de reconnaître, ou tout au moins de présumer avec assez de fondement, que dans telle série de données de même source, ou bien d'une observation à une autre de sources analogues et comparables, le mode d'établissement de ces données statistiques, s'il présente des imperfections, est du moins sensiblement le même ou de même valeur ; qu'il présente donc d'une donnée à l'autre les mêmes imperfections (j'emploie à dessein ce terme vague d'imperfection, car l'observation est générale).

Remarquons, d'autre part, que pour beaucoup de problèmes, non seulement il suffit, mais souvent même il est plus significatif d'étudier non pas les états absolus de l'objet étudié, mais la relation, la variation entre ces états.

Mais, s'il en est ainsi quant aux données et quant aux problèmes, ce n'est plus un obstacle à toute étude valable, que nos données statistiques présentent des imperfections : car, si ces imperfections sont ou peuvent être présumées sensiblement les mêmes d'une donnée à l'autre, la relation entre ces données imparfaites n'est pas imparfaite elle-même en tant que relation, mais, au contraire, exprime exactement la relation entre les états absolus auxquels ces données correspondent, puisque le coefficient d'imperfection (si je puis dire), étant constant, s'élimine évidemment dans le rapport des deux données.

François Simiand

Voilà donc un moyen d'utiliser avec validité et fondement nombre de statistiques bien imparfaites, un moyen de faire, avec une balance fausse, des pesées justes. L'art de l'expérimentateur statistique, ici, sera donc d'abord de poser les problèmes en termes relatifs, dégagés des valeurs absolues ; ensuite de se placer dans des cadres d'étude où la nature et la qualité des sources le fondent à invoquer le bénéfice de ce que nous pourrions appeler *la présomption de l'erreur constante* (erreur qui, du point de vue relatif, s'élimine). Et c'est ainsi que, dans tous les cas où cet accommodement est possible, l'expérience statistique se rapprochera au mieux des garanties offertes, à ce premier point de vue, par l'expérience de laboratoire.

VI
« Abstraction statistique » et « Fait scientifique »
Base homogène et extension opportune

Supposons réalisées ces conditions premières et en quelque sorte préjudicielles. Ne nous heurtons-nous pas aussitôt, et ayant d'aller plus avant, à une objection considérable qui ne laisse pas, je crois, d'avoir encore un crédit assez répandu ?

N'y a-t-il pas, nous dira-t-on, entre l'expérimentation ordinaire des sciences de la nature et notre recherche statistique, cette différence essentielle que la première opère sur des réalités, tandis que la seconde opère sur des abstractions ? « Abstractions, créations de l'esprit, nous répète-t-on, illusions, irréalités, donc possibilité de jouer avec les données comme l'on veut ; donc possibilité d'arriver, avec de la statistique, à tout prouver, et le contraire aussi. »

Mais est-ce là bien apercevoir, bien caractériser une différence effective entre ces deux opérations de l'esprit ? ou bien, plutôt, le rapprochement avec l'expérimentation ordinaire des sciences de la nature ne va-t-il pas nous éclairer sur les conditions dont il dépendra que la statistique porte sur une réalité ou au contraire reste sans fondement ?

N'est-ce pas, en effet, un lieu commun de la méthodologie courante que de montrer que le fait scientifique des sciences de la nature, étant, on l'a vu, détaché, séparé (par définition même, on peut le dire) de la complexité que présente la réalité concrète, est à proprement parler une *abstraction* ? Mais, ajoute aussitôt cette méthodologie, ce n'est pas à dire que ce détachement, cette séparation, cette abstraction se fasse à la fantaisie de l'expérimentateur, que le fait scientifique soit une entité librement créée par l'esprit du savant, à la manière des entités de la scolastique médiévale. Pour mériter ce nom de fait scientifique, pour entrer dans la science, il faut que cette abstraction, tout en se distinguant de la complexité concrète, se modèle cependant suffisamment sur elle, respecte, comme l'a dit un philosophe contemporain, les articulations de la réalité, et enfin se prouve efficace et vraie par les résultats qui s'en tirent, par le succès.

Transposons dans le domaine statistique ces conditions de bonne abstraction enseignées par la méthodologie des sciences positives ; et nous apercevrons que la première précaution à prendre pour ne pas tromper et ne pas nous tromper nous-mêmes avec nos abstractions statistiques est de nous inquiéter que nos expressions de faits complexes, nos moyennes, nos indices, nos coefficients, ne soient pas des résultats de comptages quelconques, de combinaisons arbitraires entre des chiffres et des chiffres, mais qu'elles aussi se modèlent sur la complexité concrète, respectent les articulations du réel, expriment quelque chose à la fois de distinct et de vrai par rapport à la multiplicité des cas individuels à laquelle elles correspondent. Observons, au contraire, que ce qui peut nous égarer, ce qui, en fait, nous égare bien souvent dans l'emploi des abstractions statistiques, *ce n'est pas qu'elles soient des abstractions, mais c'est qu'elles sont de mauvaises abstractions.*

Nous ne voyons aucun physicien déterminer la densité d'un groupement quelconque d'objets hétéroclites ; car manifestement, ce groupement n'ayant aucune identité physique, la donnée n'aurait aucun intérêt scientifique. Nous ne voyons aucun botaniste grouper ses observations sur des plantes cinq mois par cinq mois, dix mois par dix mois, parce que manifestement la végétation marche selon le cycle de l'année ou de douze mois. Plus près encore et déjà dans le domaine statistique, nous ne voyons pas de biologiste déterminer et étudier une moyenne des tailles de tous les animaux divers d'une ménagerie.

Mais, par contre, est-il sans exemple, même dans des travaux

François Simiand

d'une certaine qualification, de trouver des indices de prix établis entre des prix de toutes catégories confondues pêle-mêle et sans aucune discrimination, des prix de matières premières avec des prix de produits fabriqués, des prix de marchandises avec des prix de services, des salaires, des loyers, alors que les mouvements de ces divers groupes sont souvent assez différents soit de sens, soit d'allure, soit de date, pour qu'une expression commune, brouillant tout, ne puisse être que dépourvue de sens ou trompeuse, s'il n'est pris garde à ces différences ?

Bien moins encore n'est-il pas sans exemple de voir grouper et étudier par moyennes quinquennales, décennales, telles données de statistique économique sur des éléments dont les variations caractéristiques se présentent en cycles ou plus courts ou plus longs que le lustre ou le décennat, et souvent irréguliers. La représentation que de telles moyennes nous donnent nous dissimulera donc le trait essentiel de l'élément étudié, au lieu de le mettre en évidence, et elle ne peut que nous égarer. — Et combien d'autres exemples pourraient s'ajouter à ces quelques indications !

Elles suffiront toutefois à nous faire apercevoir, d'abord, où doit être reconnue la vraie différence, à ce point de vue, entre l'expérience ordinaire des sciences positives et l'expérience statistique, et ensuite où nous pouvons chercher un remède à l'infériorité de celle-ci à ce même point de vue.

La différence entre les deux sortes de recherches n'est pas que l'une opère sur des réalités et l'autre sur des abstractions, mais que, dans l'expérimentation matérielle des sciences positives, l'abstraction mauvaise, sans correspondance suffisante avec la réalité, sans fondement objectif, s'avère le plus souvent aussitôt telle par une évidence physique, matérielle ; en recherche statistique, au contraire, des chiffres comme tels ne refusent jamais d'être combinés avec d'autres chiffres, la correspondance ou la non-correspondance avec quelque réalité objective n'est pas ici, en général, un fait qui, comme on dit, « saute aux yeux ».

Dans l'expérience matérielle, le savant isole bien, au milieu de la complexité présentée par la nature, certains éléments en relation reconnue ou soupçonnée avec de certains autres ; mais, s'il se trompe sur la relation, s'il oublie quelque élément essentiel,

DEUXIÈME PARTIE

il est bien obligé de s'en apercevoir, parce que, matériellement, le phénomène attendu ne se produit plus. — Ici, au contraire, le statisticien isole bien aussi, dans le donné complexe, certains éléments d'avec d'autres qu'il soupçonne d'être en relation avec eux : mais c'est par une opération de l'esprit ; il ne dispose presque jamais d'expérience factice ; il ne retire ou n'introduit pas matériellement quelque facteur. Et, par suite, la réalité ou la non-réalité de la relation aperçue ne peut se manifester à lui de façon matérielle.

Plus même, on peut voir que l'on touche ici à un risque de cercle vicieux ; c'est que souvent l'expression statistique est nécessaire pour dégager et, on peut dire même, pour constituer le fait statistique, et que pourtant il faudrait savoir déjà d'avance quel est, comment se comporte au juste ce fait statistique, pour choisir avec pleine convenance la hase et la nature d'expression statistique à employer.

Mais nous apercevons, en même temps, comment la recherche statistique peut se rapprocher des conditions par lesquelles l'expérimentation physique distingue l'abstraction bonne de l'abstraction mauvaise. Les quelques exemples confrontés plus haut nous font ressortir que, pour avoir quelque correspondance avec une réalité, la première condition est que nos expressions statistiques soient établies sur une base présentant *une certaine homogénéité*, ou encore sur une base ayant une extension appropriée, *une extension opportune*.

Sans doute, il est bien clair que les cas individuels embrassés dans une donnée statistique présentent toujours une hétérogénéité plus ou moins grande et plus ou moins complexe (sans quoi il n'y aurait pas besoin d'expression statistique pour les représenter d'ensemble) et que l'homogénéité ne peut donc être que relative ; que l'extension opportune aussi variera, non seulement selon les données, mais selon les problèmes, et ne sera également que relative. Mais l'exemple de l'expérimentation des sciences positives nous montre que le choix des abstractions statistiques à adopter ne sera pas pour cela arbitraire, s'il veut être fondé.

Nous ne pouvons compter ici sur des évidences matérielles : tâchons donc de nous garder par des précautions intellectuelles. Procédons par tâtonnements, par essais, par épreuves, contre-

François Simiand

épreuves, recoupements.

Justement parce qu'il y a de bonnes et de mauvaises moyennes, des moyennes qui ont un sens et d'autres qui n'en ont aucun, *défions-nous des moyennes* : contrôlons, recoupons les indications de moyennes d'un type par celles d'un autre type, par d'autres indices, par des données complémentaires ; et ne retenons que celles qui, après ces épreuves, nous apparaissent avoir une consistance véritable et répondre à quelque réalité collective.

Et de même pour les autres modes d'expression statistique. Aujourd'hui, par exemple, en raison du mouvement considérable des prix et de ses conséquences, qui ne parle, qui ne raisonne, qui ne discute des « index numbers » ? Qui n'en tire preuve et argument pour les thèses les plus diverses et parfois les plus opposées ? — Mais, avant un tel usage, combien de personnes se sont avisées ou souciées de savoir comment ces index numbers sont établis, sur quelles bases, par quelles méthodes, ce qu'ils signifient, ce qu'ils ne signifient pas ? M. Irving Fisher[9] a signalé que pour représenter un ensemble de prix ou de quantités, il peut être établi un nombre indéfini de formules de nombres indices, qui sont loin d'avoir le même sens ou les mêmes usages ; il s'est borné, du point de vue de son étude, à dégager seulement *quarante-quatre* de ces formules possibles, en indiquant les caractéristiques de chacune par rapport à telle ou telle condition. Stanley Jevons[10] avait employé une moyenne géométrique pour de certaines raisons et pour un certain problème. M. Wesley C. Mitchell [11] a employé, par contre, pour de certaines raisons autres et également avec succès pour le problème étudié par lui, une médiane, accompagnée des quartiles et déciles. Les divers index numbers les plus souvent cités et invoqués aujourd'hui sont établis souvent dans des conditions et sur des bases assez différentes. — Tout cela est-il sans importance ? Ou, au contraire, tout cela n'est-il pas à considérer, selon les questions étudiées, et en vue même des conclusions qu'on cherche à en tirer ? Ou encore, justement à cause de ces différences, ne sont-ils pas à utiliser en complément réciproque ou en recoupement utile, pour telles ou telles questions, et pour faire apparaître les limites de leur valeur et de leur légitime emploi ?

En un mot, nous avons pris d'abord telle base, tel cadre pour nos expressions statistiques et notre étude : avant de nous satisfaire des

DEUXIÈME PARTIE

relations aperçues dans ce cadre et sur ces expressions, modifions le cadre, essayons d'autres expressions. Si le résultat se maintient ou bien si le résultat disparaît, voilà réalisée par des opérations intellectuelles, cette épreuve qui, dans l'expérience ordinaire des sciences positives, se réalise par une présence ou une absence matérielle du fait considéré.

C'est seulement après ces tâtonnements, après ces épreuves, — et en considération tant de l'ordre de faits envisagé, que de la nature des sources à notre disposition et des problèmes dont nous nous proposons l'étude, — que nous pourrons reconnaître avec fondement les bases et les types d'expressions statistiques, les limites de temps, d'espace, les catégories de faits ou d'objets, ou, autrement dit, les modes et les cadres d'abstraction que nous devrons adopter de préférence, pour avoir le plus de chances d'éliminer les traits particuliers ou secondaires et de mettre, au contraire, en évidence, en juste valeur, dans une présentation adéquate à la fois à l'objet et au problème, le ou les traits qui correspondent le mieux et à la réalité proposée et à l'étude entreprise.

Et, sans que je puisse détailler ici toutes les précautions appropriées à cette fin, c'est ainsi que, nous mettant dans les conditions les plus propres à nous conduire à l'établissement de relations probantes, nous nous mettons par là même en situation de réaliser également ici, entre la bonne et la mauvaise abstraction, cette discrimination par les résultats, par le succès, dont nous avons rappelé le rôle dans les sciences de la nature.

Ce premier ensemble de précautions suffit-il à bien fonder une preuve statistique expérimentale ?

VII

Qu'il faut étudier le phénomène se produisant, l'étudier tout entier, l'étudier tel qu'il se comporte.

Une des conditions essentielles de preuve le plus recherchées et le plus communément réalisées dans l'expérimentation des sciences de la nature, est que l'expérimentateur étudiant un phénomène propre à établir une relation entre deux éléments, *voie ce phénomène se produisant*, et non pas seulement des effets, des conséquences ou des traces de ce phénomène une fois produit. Elle est qu'il s'applique à le voir ainsi depuis son début jusqu'à son terme. Elle est qu'il s'attache à le suivre, s'il y a lieu, dans ses diverses phases, dans tout le cours de son développement. Et il suit également, du début jusqu'au terme, dans les diverses phases, dans tout le développement, la relation qui paraît se dégager, ou tout ce qui la prépare et la réalise enfin.

Dans le domaine de l'expérience statistique, se soucie-t-on toujours de se mettre dans cette condition, ou tout au moins de s'en approcher le plus possible ? Quelques exemples suffisent à montrer, au contraire, que la méconnaissance de cette condition de bonne preuve est une des raisons qui permettent par des arguments statistiques de tout prouver et de ne rien prouver.

Si un botaniste ayant relevé en mai, je suppose, les hauteurs et épaisseurs de certains arbres et les températures, puis en décembre les hauteurs et épaisseurs de ces mêmes arbres, plus fortes qu'en mai précédent, et les températures, ordinairement plus basses, en concluait que la hauteur et l'épaisseur des arbres augmentent avec l'abaissement de la température, trouverions-nous la preuve suffisante ?

Cependant, sommes-nous bien sûrs de raisonner mieux ou de prouver plus, lorsque, par exemple, constatant à une certaine date les prix à un certain niveau et les salaires à un certain niveau, puis, à une date ultérieure, les prix à un niveau plus élevé et les salaires également à un niveau plus élevé, nous concluons, sans plus, à une relation entre ces deux variations (et quel que soit le sens, du reste, dans lequel nous formulons la relation, c'est-à-dire que nous disions, sur ces bases, soit « avec l'augmentation des prix les salaires s'élèvent », soit « avec l'augmentation des salaires les prix s'élèvent ») ? Si la preuve réduite à ce fondement est suffisante, comment donc une relation exactement inverse, c'est-à-dire une relation entre hauts salaires et bas prix, a-t-elle pu être également fondée sur des arguments statistiques du même ordre par tel économiste américain qui, il y a quelque trente ans, enseignait l' « économie des hauts salaires »[12]?

Dans le cas de notre botaniste de tout à l'heure, l'insuffisance de preuve nous « sautait aux yeux », parce que la relation entre la variation des températures et la croissance des végétaux nous est bien connue. Mais, faisant abstraction de ces notions pour nous familières, et pour les cas où la relation véritable est en fait ignorée de nous encore, regardons au juste à quoi tenait cette insuffisance : n'est-ce pas à ce que, au lieu de s'attacher au « phénomène se produisant », et dans le temps où la relation entre les deux éléments considérés se réalisait en fait, notre botaniste s'est pris seulement à des effets, à des conséquences du phénomène une fois produit, ou à des circonstances ultérieures qui n'y ont plus aucun rapport effectif ?

Eh bien, faisons ici notre profit de cet exemple. Que notre expérience statistique s'attache à saisir, non plus des états et des coïncidences, qui peuvent être des effets ou des suites de variations intermédiaires fort diverses, mais *le phénomène se produisant*, c'est-à-dire s'attache à suivre, en date, en grandeur, en direction, la variation des prix se produisant, la variation des salaires se produisant : elle pourra nous dire si entre ces variations (et non plus seulement entre des états) apparaît quelque relation, et ce sera déjà plus probant. De plus, elle pourra nous dire encore peut-être, — et la formule même de la relation s'améliorera en même temps que la preuve, — si cette relation apparaît directe ou inverse, si elle paraît jouer de même ou différemment en hausse et en baisse, si elle apparaît réciproque ou si, au contraire, c'est l'une des deux seulement et laquelle qui paraît entraîner le mouvement de l'autre ?

Si maintenant nous voyions notre botaniste étudier non pas tout un développement végétal depuis le germe jusqu'au fruit, ou non pas même toute la germination, ou toute la floraison, ou toute la fructification, mais limiter son étude de la végétation d'une plante arbitrairement de telle date à telle date du calendrier, par exemple du 15 mai au 1er juin, qui de nous ne douterait de la valeur de cette recherche et des résultats qu'elle peut donner ?

Pourquoi donc n'a-t-on pas communément un doute du même ordre lorsque, par exemple, une grande association économique étrangère[13], mettant en train, un peu avant la guerre, une très vaste enquête sur le mouvement de hausse des prix qui se manifestait dans cette période, et voulant par cette enquête dégager les facteurs et les explications de cette hausse, limitait arbitrairement son questionnaire et ses recherches à quinze années en arrière,

François Simiand

sans paraître se douter que, pour découvrir des relations fondées, il pût y voir avantage, nécessité même, à partir non pas d'une date arbitraire, mais du commencement réel de la hausse, à embrasser non pas une partie quelconque du mouvement, mais le mouvement tout entier ?

Moins encore cette association d'économistes paraissait-t-elle se soucier ou se douter que cette phase de hausse suivait une phase de baisse et que, tant pour la connaissance du fait lui-même que pour la recherche et la détermination des concomitants possibles, il était grandement important et presque indispensable d'embrasser, dans l'investigation, au moins une phase de chaque sens, afin de pouvoir instituer une contre-épreuve. Tel un physiologiste qui étudierait l'expiration, sans se soucier de l'inspiration.

En ce moment même, combien d'études, combien de comparaisons voyons-nous s'établir entre 1914 et les années présentes, et combien d'interprétations s'échafauder dans ce cadre ainsi limité et sur ces seules bases, sans qu'on paraisse s'être demandé et avoir examiné d'abord si, au point de vue du phénomène considéré et des relations étudiées, la guerre marque un commencement véritable, ou seulement une modification (en vitesse ou en direction) d'un mouvement commencé avant et qu'il faudrait donc embrasser dans son entier pour pouvoir interpréter les variations coïncidant avec la guerre, si fortes qu'elles puissent être ?

Que, pour avoir chance d'établir des relations fondées, il faille saisir le phénomène non seulement dans son ensemble, mais encore dans ses caractéristiques, dans son allure, dans ses phases, en un mot tel qu'il se comporte au juste, les discussions d'il y a une vingtaine d'années en Angleterre entre libre-échangistes et partisans du tarif l'ont illustré d'exemples significatifs, en montrant les mêmes statistiques de commerce extérieur employées à étayer des arguments opposés : certains alléguaient une baisse du commerce de l'Angleterre depuis trente ans ; un économiste qualifié présentait plusieurs moyennes quinquennales prises à intervalles assez grands d'où apparaissait une hausse d'ensemble ; une revue ripostait par des moyennes quinquennales aussi, mais sur d'autres années, d'où ressortait d'ensemble une stagnation[14]. Regardons à la courbe des données annuelles et nous comprendrons à la fois que les trois comparaisons sont respectivement exactes et qu'aucune

DEUXIÈME PARTIE

cependant n'exprime exactement le mouvement d'ensemble : c'est qu'en effet cette courbe, ayant pour caractère de présenter une suite de cycles d'expansions et de dépressions qui n'exclut pas cependant un mouvement d'ensemble à travers ces cycles, il y a bien peu de chance, en effet, pour qu'en dehors d'une constatation continue et complète ou bien d'une élimination adéquate des variations cycliques, la variation générale puisse être exactement aperçue.

Combien de fois encore voyons-nous prendre deux données il y a cinquante ans, les deux données correspondantes aujourd'hui et, sans plus, établir sur ce seul rapprochement une relation entre elles, sans qu'on paraisse se douter que, souvent, c'est raisonner comme si, parce que Marseille et Gênes sont tous les deux au niveau de la mer, on en concluait qu'on ne monte pas autrement pour aller de Marseille à Lyon que de Gênes à Lyon, en oubliant simplement que sur l'une des routes on peut rencontrer les Alpes.

Pour combien de faits qui, dans la suite des années, présentent, comme caractéristique, des variations différenciées et irrégulières et non pas un mouvement uniforme même en gros, voyons-nous encore prendre et réunir par des droites les données de dix en dix ans, un peu comme si on voulait dessiner le profil d'une route accidentée en ne prenant les altitudes que de dix en dix kilomètres. À titre d'exercice d'étudiant, j'ai plusieurs fois fait représenter ainsi un même phénomène, mais en prenant de dix en dix les années de millésime terminé en 3 ou en 7, au lieu des millésimes terminés en 0 : cela suffit pour changer tout le caractère apparent du mouvement.

Ne nous lassons donc pas de répéter que, pour avoir chance de ne pas se prendre à des représentations inexactes et par suite à des coïncidences fortuites ou trompeuses, notre expérimentation statistique doit toujours s'appliquer à saisir, d'abord, dans son allure propre le fait étudié, à le saisir dans la succession de ses phases, dans la décomposition de ses parties si c'est le cas ; et si elle en simplifie ensuite l'expression, comme il est peut-être utile ou nécessaire pour la recherche même, si elle en laisse tomber telles ou telles particularités pour n'en retenir que certaines autres, elle doit savoir qu'elle fait cette élimination et pourquoi et avec quelles conséquences possibles sur les résultats ultérieurs.

François Simiand

VIII

Qu'il faut varier l'expérience, la varier méthodiquement, rechercher, éliminer ou discuter toutes les dépendances possibles.

Je viens à une autre condition de preuve aussi communément recherchée. Dans toutes les sciences de la nature et malgré toutes les supériorités qu'y confère l'expérimentation matérielle, nous y voyons une relation n'être tenue pour établie et n'entrer dans la science, en général, qu'après une expérimentation renouvelée, répétée, par le même savant dans le même laboratoire, par d'autres savants dans d'autres laboratoires, reprenant la même étude, la même épreuve, la même détermination. Et ce n'est pas qu'en principe une seule expérience ne soit suffisante à établir une relation et qu'un certain nombre soit nécessaire (car à quel nombre la preuve commencera-t-elle à être valide ?) Mais, malgré que ce soit matériellement que l'expérimentation artificielle permette ici de séparer les éléments et les facteurs, d'en écarter certains, d'en garder certains autres, d'en introduire encore tel ou tel, le savant soupçonne méthodiquement, d'une part, que les relations observées entre ceux qu'il a retenus et fait agir l'un avec l'autre peuvent être fortuites, et, d'autre part, qu'il n'a peut-être pas éliminé tout autre facteur que ceux qu'il a consciemment laissés, qu'il n'a peut-être pas aperçu tel élément qui joue un rôle à côté ou au-dessus de ceux auxquels il attribue toute l'action aperçue.

La répétition de l'expérience, soit en variant, soit au contraire en essayant de ne pas varier les conditions que l'on connaît, est une façon de donner chance que la relation, si elle était fortuite, cesse de se manifester ou se manifeste dans d'autres conditions, et que, d'autre part, les facteurs ou actions inaperçus, s'il en est effectivement, se trouvent varier de quelque épreuve à une autre, et par suite se déceler par quelque variation dans les faits observés. Plus est complexe la matière étudiée, plus longuement est pratiquée cette double précaution.

Dans le domaine de notre expérience statistique, où la matière est tellement complexe, les facteurs tellement multiples, les dépendances directes ou indirectes si souvent possibles, fait-on

DEUXIÈME PARTIE

communément un effort comparable contre ce double danger ?

Et d'abord sans doute, et de façon plus ou moins consciente et plus ou moins réfléchie, on s'essaie aussi à répéter l'expérience ; mais dans quelles conditions et dans quelles limites ? — Particulièrement la statistique biologique, médicale, anthropologique, souvent, et même, dans certains cas, la statistique démographique disposent d'un nombre notable d'expériences distinctes, effectuées ou possibles. Au surplus, si le nombre de ces cas reste encore souvent assez modeste en comparaison de celui que les recherches de laboratoire exigent communément, et eu égard surtout aux complexités de causes ou de facteurs concomitants dont il peut y avoir à tenir compte, c'est justement dans ces branches de statistique que s'est le plus développé l'effort pour apprécier objectivement, mathématiquement, dans quelle mesure le résultat obtenu sur telles ou telles bases pourrait résulter du hasard, c'est-à-dire d'un concours indéterminé de causes multiples, ou encore d'autres éléments non soupçonnés ou non étudiés.

Mais il s'en faut que, pour une bonne part du domaine des recherches statistiques, notamment en statistique sociale ou économique, nous nous trouvions dans des conditions aussi favorables et puissions seulement songer à faire emploi de cette technique de contrôle. Par exemple le grand mouvement général des prix auquel nous assistons en ce moment, n'a, — et encore au degré et à l'extension près, — que deux ou trois analogues au cours du XIXe siècle, et quelques-uns de plus peut-être si nous remontons jusqu'au XVIe siècle. Le danger d'une expérience unique, surtout en matière aussi complexe, est si grand que nous devons assurément faire effort pour étendre notre connaissance jusqu'à ces mouvements analogues antérieurs : les insuffisances tenant à l'imperfection des données dont nous disposons sur eux à cette heure sont largement compensées, je crois pouvoir le dire, par l'avantage de comparaisons qui, si grossières qu'elles doivent rester, apportent des suggestions intéressantes et des éléments de contre-épreuve et d'interprétation dont la concordance et, par suite, l'utilité dépassent l'attente ; et des sources ou des documents élémentaires qui existent, une plus grande ou meilleure élaboration pourrait être réalisée. Si bien que c'est à peine un paradoxe de dire que ce qui presserait le plus pour bien comprendre et interpréter le

François Simiand

grand mouvement actuel serait de pousser les études possibles de statistique historique sur le grand mouvement de prix de la guerre de sécession aux États-Unis, du milieu du XIXᵉ siècle en Europe, ou mieux encore, de la grande hausse qui paraît s'être étendue du dernier quart du XVIIIᵉ siècle à 1815, et de la grande baisse qui a suivi.

Cependant, malgré ces difficultés et ces limitations, supposons une telle recherche et élaboration réalisées. Prenons même des phénomènes économiques ou sociaux plus restreints en extension ou en durée, et dont il peut être présenté plus de répliques soit dans le passé soit dans les diverses contrées ou industries. Au total, le maximum de fois où nous pourrons répéter nos constatations sera encore bien éloigné d'un minimum de répétition dont se contenterait à peine une recherche de laboratoire dans des cas les plus simples, et nous avons affaire à des faits complexes, échappant à toute action matérielle de l'expérimentateur, aussi bien que les concomitants avec lesquels nous recherchons leur relation possible.

Après donc avoir fait le plus grand effort pour répéter notre expérience le plus possible, il faut bien nous rendre compte que, le plus souvent, ici, nous n'arrivons point, par ce seul procédé, à nous garantir contre des relations insuffisamment fondées ou incomplètes, ou contre le risque de coïncidence fortuite ou illusoire. Il faut donc tâcher de nous prémunir encore autrement.

Gardons-nous toutefois de confondre, avec ce que nous cherchons ici, cette preuve qui est encore présentée si communément en ce domaine et qu'on pourrait appeler un *échantillonnage empirique*.

La plupart des ouvrages économiques sur le salaire répètent, après Adam Smith (qui avait, lui, utilisé au mieux les informations à sa disposition, mais elles se sont développées depuis), que les salaires sont plus hauts dans les professions moins agréables (moins aisées, moins propres, etc.) et moins hauts dans les professions plus agréables. J'ai eu la curiosité de donner en travail d'étudiant (École des Hautes Études) à vérifier cette thèse, en s'astreignant à classer, au point de vue du caractère de la profession, d'une part, et du niveau du salaire, d'autre part, toutes les professions à salaires spécifiés dans une enquête nationale assez étendue. Le travail qui m'a été remis sur ces bases aboutit à contredire à peu

DEUXIÈME PARTIE

près complètement l'affirmation traditionnelle. Et je ne dis pas que cette épreuve soit suffisante pour fonder l'affirmation contraire.

J'en tire seulement que, dans notre matière, il ne faut pas nous contenter des cas qui se présentent au petit bonheur : il faut nous astreindre à embrasser un ensemble de cas objectivement constitué, assez large et assez varié pour que, soit que nous l'analysions intégralement, soit que nous y prélevions un certain nombre de cas par un hasard systématique, nous ayons chance suffisante de ne pas nous prendre à des coïncidences fortuites ou incomplètes.

Ou enfin, si nous ne pouvons embrasser tout l'ensemble désirable, il faut nous rendre compte de ce que nous atteignons par rapport à lui, et de la chance que cette part atteinte peut présenter d'être assez représentative du tout. La statistique biométrique notamment a recherché et perfectionné, à cet égard, des procédés d'appréciation que d'autres emplois de la statistique gagneraient à utiliser ou à adapter.

Mais ne confondons pas non plus ce hasard systématique avec ce mode d'opérer dont on se contente encore si souvent aujourd'hui : à l'appui d'une proposition, on cite un nombre plus ou moins grand de cas conformes, pris d'ici, de là, dans les sources les plus inégales de valeur et de signification, sans examen et, par conséquent, sans détermination des autres facteurs ou conditions que ces cas peuvent présenter ou non, sans souci de passer en revue ou de reconnaître, même sommairement, les cas comparables dont l'étude serait possible, et sans choix objectif et justifié de ceux que l'on retient, — simplement d'ordinaire, disons-le, à la fortune des constatations trouvées toutes faites dans des ouvrages déjà existants. Des preuves de ce genre, je me chargerais volontiers, dans le domaine de faits dont je me suis spécialement occupé, d'en trouver, et en nombre notable, à peu près en faveur de toute thèse. Et sans doute ici mon choix serait tendancieux. Mais, s'il ne l'était pas, c'est-à-dire si, au lieu de tromper, je me trompais moi-même, le résultat en acquerrait-il meilleure valeur de preuve ?

Supposons même, cependant, que ces conditions soient améliorées, que la variation de l'expérience ainsi réalisée soit plus systématique et plus consciente : il reste toujours que notre expérience n'est pas matérielle et que par suite les facteurs ou

François Simiand

éléments inaperçus, qui peuvent subsister à côté ou au-dessus de ceux entre lesquels nous avons dégagé et retenu une relation, ne se décèleront pas à nous de façon physique. C'est, donc à nous de nous en inquiéter par quelque opération intellectuelle, par quelque précaution spéciale. Si nombreux que soient les cas où nous avons pu constater une relation entre l'élément que nous étudions et un autre facteur, si étroite et exacte que soit statistiquement établie la corrélation entre leurs variations, il faut encore nous imposer de chercher si tous ces cas n'ont vraiment de commun que la présence ou la variation de ce second facteur, si tous autres éléments ou actions peuvent être dûment considérés comme éliminés, ou non communs à tous ces cas. Il faut que nous nous astreignons à faire une revue aussi complète et systématique que possible de tous autres facteurs avec lesquels pourrait s'établir plus exactement la relation, ou quelque dépendance inaperçue

et cependant important à cette relation même. Si, comme il est probable en matière aussi complexe et en l'absence d'expérimentation artificielle, nous ne réussissons pas à éliminer sûrement toutes les dépendances possibles, il faut qu'après avoir établi au mieux nos résultats plus directs, et, si je puis dire, nos résultats bruts, nous examinions, discutions l'influence que ces dépendances possibles sont susceptibles d'avoir exercé sur eux, et en faire ainsi la part qui convient, en réserves à nos conclusions.

IX

Du type de relations à viser
et de la technique appropriée

Et maintenant à quel type de relations voyons-nous encore le plus communément utiliser les statistiques ? et quelles indications tirerons-nous, à cet égard, de l'expérimentation des sciences positives ? Il n'est pas besoin, je crois, de longuement signaler combien le *post hoc, ergo propter hoc* et même le *cum hoc, ergo propter hoc* vient souvent accompagner et couronner les insuffisances d'argumentation statistique que nous venons de sommairement indiquer ; mais il est clair que, si l'argument de base n'est pas lui-même valable, l'interprétation causale est encore

DEUXIÈME PARTIE

bien plus à écarter.

L'expérimentation des sciences positives établit, selon les sciences, selon les problèmes, selon la nature et le degré des connaissances, divers types de relations : relations de simple coexistence ou concomitance, relations d'interdépendance, relations spécifiques, relation de causation (au sens positif, tout au moins, d'antécédence liée par la relation la plus générale ou la moins conditionnée). Il déborderait de beaucoup le cadre de ces quelques observations d'examiner auxquels de ces types l'expérimentation statistique s'appliquerait de la façon la plus propre et la plus efficace ; et, au surplus, la réponse varierait aussi avec les disciplines, les questions et les données où cette expérimentation serait employée.

Disons seulement que, de façon générale, la valeur de preuve de la relation, quel qu'en soit le type, dépendra, pour une bonne part, du degré de simplicité, de netteté, de pureté, présenté par la ou les expériences statistiques d'où elle aura été dégagée.

Elle dépendra, pour une plus grande part encore, de la convenance plus ou moins exacte, plus ou moins heureuse que la technique statistique, employée dans toute cette expérience, présentera par rapport au caractère du phénomène et à la nature du problème. Sur ce point, il n'apparaît pas encore, je crois, que les divers ordres de recherche statistique aient atteint le même degré d'avancement, de juste adaptation, la même maîtrise de leur technique. Pour les recherches d'expérimentation statistique en matière économique, par exemple, je ne crois pas qu'à plusieurs égards encore, l'instrument soit au point, et réponde le plus efficacement possible aux caractères des phénomènes les plus importants peut-être à étudier ainsi.

Mais, pour améliorer cette technique dans les divers domaines, — justement parce qu'il y a des différences à y apporter selon les problèmes et selon les phénomènes, mais parce qu'en même temps il y a des analogies, des suggestions, des comparaisons profitables à tirer pour chacun de l'exemple des autres, en un mot parce qu'il y a une communauté propre de méthode entre les divers emplois de l'expérimentation statistique, — un contact, un rapprochement constant entre les divers spécialistes est hautement souhaitable, de même qu'un contact, un rapprochement de cette expérimentation

François Simiand

spéciale avec les conditions d'expérimentation ordinaire des sciences de la nature ne saurait être, je crois, trop recommandé.

CONCLUSION
Que ce travail, même ingrat, est cependant nécessaire

Que cet ensemble de précautions pour n'opérer que sur de bonnes abstractions, pour étudier le phénomène se produisant, l'étudier tout entier, tel qu'il se comporte au juste, pour varier l'expérience, éliminer, déterminer ou discuter toutes les dépendances possibles, pour déterminer le type de relation à viser et mettre au point la technique à y adapter le plus efficacement, soient assez complexes et laborieuses, un peu plus complexes et laborieuses que de piquer dans un annuaire statistique ou même seulement dans un ouvrage de seconde ou de troisième main, quelques chiffres qu'on décore du nom de preuve statistique : cela n'est pas douteux.

Et encore avons-nous à peine touché ici à cette dernière part d'un travail statistique complet qui est l'interprétation des résultats obtenus, part dont l'importance n'a pas besoin d'être longuement signalée, mais qui appellerait elle-même des remarques nombreuses de méthode, débordant le cadre du présent essai, et qui, du reste, a souvent à faire état d'éléments ou de considérations non statistiques, autant ou plus que de raisons tirées de ces résultats statistiques ou des conditions de leur obtention.

Mais, sur des conclusions obtenues après toutes ces précautions prises et respectées, pourra-t-on dire encore que la statistique prouve tout et ne prouve rien ?

Qu'on ne trouve pas surtout ce terme trop long ou trop difficile à atteindre. Toutes ces précautions ne sont pas plus complexes ni plus laborieuses certainement, eu égard surtout à la difficulté de la matière, que celles dont s'entoure la moindre expérience de laboratoire avant d'être tenue pour probante.

Tout ce travail, si ingrat qu'il puisse paraître, est nécessaire, en tout cas, à des conclusions dûment établies ; et il peut finalement (j'en pourrai, je crois, donner des exemples), être fécond et payer de la peine qui y aura été prise, — plus, du moins, que ne le pourront jamais des emplois de la statistique plus faciles, mais sans critique,

DEUXIÈME PARTIE

sans fondement, et sans volonté suffisante de science et de vérité.

NOTES

1. Journal de la Société de Statistique de Paris, février 1921.

2. Citons notamment ici les ouvrages suivants, de caractères et de mérites divers :

A.-L. Bowley, Eléments of statistics, London, King, 4e édition, 1921. (Traduction française prochaine.)

G. Udny Yule, An introduction to the theory of statistics, London, Griffin, 1912.

André Liesse, La Statistique : Ses difficultés, ses procédés, ses résultats. 2e édit. Paris, Alcan, 1912, in-16.

Armand Julin, Principes de statistique théorique et appliquée, avec préface de M. L. March, t.1er Statistique théorique. Paris, Rivière, et Bruxelles, Dewet, 1921.

Rodolfo Bénini, Principii di statistica metodologica, Torino, Unione tip. ed. torinese, 1906.

A. Niceforo, La misura della vita. Torino, Bocca, 1920.

3. Prof. Rodolfo BENINI, Principii di statistica metodologica, Torino, Unione tip. ed. torinese 1906, p. 1.

4. G. Udny YULE, An introduction to the theory of statistics, London, Griffin, 1912, p. 5.

5. Cf. notamment BOWLEY, Elements of statistics, London, King, p. 4 et passim.

6. Bowley, op. cit., p. 7.

7. BENINI, op. cit, p. 2.

8. BOWLEY, op. cit. Ch. IX p. 218. — Cf. M. HUBER, Discours de présidence, — « Journal de la Soc. de stat. », février 1914, p. 62.

9. I. FISHER, The purchasing power of money, New-York, Macmillan, 1912. Chap. x et appendice au chap. x. (Traduction française, Giard, 1921.)

10. W. STANLEY JEVONS, Investigations in currency a. finance, London, Macmillan. Essai III.

11. Wesley C. MITCHELL, Gold, prices a. wages under the greenback standard, Berkeley, Univ. press, 1908.

12. J. SCHOENHOF, The economy of high wages, New-York,

François Simiand

Putnam, 1892.

13.   Verein für Sozialpolitik.

14.   Cf. BOWLEY, op. cit., p. 151-154.

NOTES

ISBN : 978-1539645566

www.ingramcontent.com/pod-product-compliance
Lightning Source LLC
Chambersburg PA
CBHW061452180526
45170CB00004B/1665